BEI GRIN MACHT SICH IHR WISSEN BEZAHLT

- Wir veröffentlichen Ihre Hausarbeit, Bachelor- und Masterarbeit

- Ihr eigenes eBook und Buch - weltweit in allen wichtigen Shops

- Verdienen Sie an jedem Verkauf

Jetzt bei www.GRIN.com hochladen und kostenlos publizieren

Antje Sigrid Kropf

Hochwasserbildung und ihre Risiken

GRIN Verlag

Bibliografische Information der Deutschen Nationalbibliothek:

Die Deutsche Bibliothek verzeichnet diese Publikation in der Deutschen National-
bibliografie; detaillierte bibliografische Daten sind im Internet über http://dnb.d-
nb.de/ abrufbar.

Impressum:

Copyright © 2008 GRIN Verlag GmbH
Druck und Bindung: Books on Demand GmbH, Norderstedt Germany
ISBN: 978-3-656-54274-2

Dieses Buch bei GRIN:

http://www.grin.com/de/e-book/264072/hochwasserbildung-und-ihre-risiken

Hochwasserbildung und -risiken

Inhaltverzeichnis

1. Einleitung

Hochwasser zählen zum natürlichen System des Wasserkreislaufes. Per Definition meint der Begriff Hochwasser einen „Zustand in einem oberirdischen Gewässer, bei dem der Wasserstand oder der Durchfluss einen bestimmten Schwellenwert erreicht oder überschritten hat."(DIN 4049)[1]. Ihre Entstehung ist unmittelbar an den Niederschlag gekoppelt.

Hochwasser treten aufgrund der ungünstigen Kombination aller auf den Abfluss einflussnehmenden Faktoren, wie etwa Sättigung des Bodens oder Niederschlagsintensität, auf. Sie entstehen aus dem Zusammenwirken von Oberflächen- und Grundwasserabfluss.

Die hydrologische Erscheinung Hochwasser wird zusätzlich durch den Menschen intensiviert. Anthropogene Einflüsse wirken sich signifikant auf die Hochwasserbildung aus und steigern das Hochwasserrisiko somit. Die Größen des gesamten Wasserhaushaltes werden durch menschliches Eingreifen verändert. Am offensichtlichsten für den Betrachter ist die stetige Verdichtung der Siedlungsstruktur entlang der Flüsse. Weiterhin ändern sich die Abflüsse und Speicher, weil Flussläufe ausgebaut, die Erdoberfläche versiegelt und künstliche Rückhaltebecken geschaffen werden, um nur einige Maßnahmen zu benennen. Nicht zuletzt hängt die Niederschlagsbildung direkt mit dem teilweise anthropogen verschuldeten Klimawandel zusammen.

Bei der Untersuchung der Hochwasserbildung werden alle Parameter der allgemeinen Wasserhaushaltsbilanz (mit Vernachlässigung der Verdunstung) , Niederschlag = Verdunstung + Abfluss + (Rücklage - Aufbrauch), wirksam.

Die häufiger und extremer vorkommenden Hochwasser, zum Beispiel 2002 an der Elbe, belegen die Brisanz des Themas Hochwasserbildung und –risiken und sind ein deutliches Indiz dafür, dass aus der Nutzung der Flüsse und der ufernahen Gebiete durch den Menschen Gefahren entstehen, die es gezielt zu verringern gilt.

---

[1] (Hessisches Landesamt für Umwelt und Geologie)

2. Hochwasserbildung und -risiken

2.1 Bildungsvoraussetzungen

Die Hochwasserbildung wird durch wenige Hauptgrößen maßgeblich bestimmt: das Einzugsgebiet, die Speichereigenschaften desselben und den Niederschlag[2]. Eine Sonderrolle als einflussreicher Parameter nimmt der Mensch ein.

2.1.1 Das Einzugsgebiet und seine Speicher

Das Einzugsgebiet lässt sich näher durch die oberirdische Fläche, Form, die Morphologie und die Geologie beschreiben. Bei der Form unterscheidet man zwischen zwei Erscheinungen. Während in langgestreckten Einzugsgebieten das Wasser in einer flachen, anhaltenden Welle abfließt, entsteht in runden Einzugsgebieten eine kurze und äußerst steile Hochwasserwelle (siehe Graphik unten).

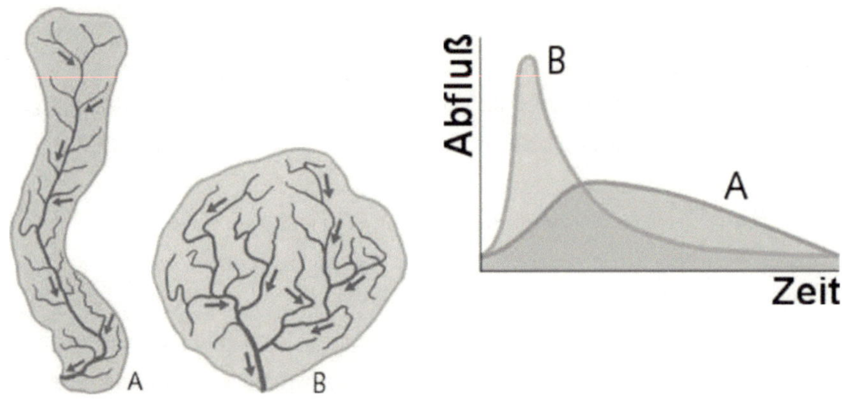

Graphik 1: Abhängigkeit des Abflusses von der Form des Einzugsgebietes [3]

Bei der geologischen Analyse des Einzugsgebietes wird die Bodenauflage, Klüftigkeit, Talausbildung und Geländeneigung[4] untersucht.

Von grundlegender Relevanz für die Hochwasserbildung ist die Beschaffenheit der Speicher innerhalb des Einzugsgebietes, da die Größe der Speicher auf den Gebietsrückhalt einwirken. Als Gebietsrückhalt bezeichnet man den Niederschlag, der „vom Einzugsgebiet zurückgehalten wird, bevor er zum Abfluss kommt".[5] Sind zahlreiche und/oder große

---

[2] (Patt, 2001)
[3] (Wasserwirtschaftsamz Kempten, 2007)
[4] (Patt, 2001)
[5] (Patt, 2001)

Speicher vorhanden, wird ein wesentlich geringerer Hochwasseranstieg als bei wenigen und/oder kleinen Speichern festzustellen sein. Die Speichereigenschaften des Bodens, der vorhandene Pflanzendecke, des Geländes und des Gewässernetzes und dessen zugehörige Auen nehmen großen Einfluss auf die Hochwasserbildung. Die Speicher bilden ein komplexes System und stehen eng untereinander in Verbindung. Ist einer von ihnen überlastet, wird der nächste Speicher mit Niederschlag gefüllt. Zum Hochwasser kommt es erst bei der Überschreitung der Speicherkapazitäten des gesamten Systems.

Die Leistungsfähigkeit jedes Speichermediums ist unterschiedlich und lässt sich ungefähr wie folgt abstufen. Dank der vielen kleinen Porenzwischenräume zwischen den Bodenteilchen weißt der Boden ‚pauschal gesehen, die besten Speichereigenschaften auf. Im Einzelfall muss man differenzieren, weil selbstverständlich die Speicherfähigkeit von Bodenart zu Bodenart schwankt. Übersteigt die Niederschlagsintensität die Infiltrationskapazität des Bodens, kann der Niederschlag nicht versickern und muss oberirdisch abfließen. Es wird sich Hochwasser bilden. Dabei genügt es nicht, nur den aktuell gefallenen Niederschlag für Hochwasserprognosen zu messen. Die vorherrschende Bodenfeucht limitiert bereits die Infiltrationskapazität, was die Vorkenntnis über vorherige Niederschläge unumgänglich macht. Erst die Betrachtung der Kombination aus im Boden gespeichertem und fallendem Niederschlag legt die Grundlage für eine zuverlässigere Prognose.

Die Interzeption der Pflanzendecke ermöglicht abhängig von der Art und Dichte des Bewuchses einen zusätzlichen Gebietsrückhalt von ca. 2-5 mm[6]. Trocknen die Pflanzen zwischenzeitlich ab, so vergrößert er sich sogar noch. Immergrüne Baumarten verzeichnen immerhin einen Interzeptionsverlust von 30-40% der Niederschläge, Weizen lediglich 11%. Dementsprechend ist ein Laubwald ein effektiverer Speicher als ein Weizenfeld. Wegen seines größeren Blattflächenindexes, den man als Maß für die Dichte der Vegetationsdecke heranzieht, bleibt mehr Niederschlag an den Vegetationsteilen hängen.

Die Gestalt des Geländes kann durch hohe Neigung den Oberflächenabfluss beschleunigen, durch niedrige als Rückhalt funktionieren. Das Flachland profitiert von dieser Tatsache. Durch seine Ebenheit entwässern die einzelnen Teilflächen des Einzugsgebietes langsamer an den Vorfluter. Auch die Ablagerung einer Schneedecke kann durch die Geländebeschaffenheit gefördert werden und den raschen Abfluss des Niederschlages unterbinden.

Nicht zuletzt speichern die Gewässer selbst Niederschläge. Eventuell angrenzende Auen oder die breiten Flussbetten im Flachland ermöglichen das Ausufern des hochwasserführenden

---

[6] (Patt, 2001)

Flusses. Alleine diese marginale Verzögerung der Hochwasserwelle kann beim Übergang
mehrerer, wasserreicher Nebenflüsse in einen Hauptfluss die Gefahr eines großen
Hochwassers mindern, weil die ungünstige Überlagerung der vielen kleinen
Hochwasserwellen der Nebenflüsse ausbleibt.

Die Wirkung aller Speicher wird mit dem Abflussbeiwert bemessen. Er setzt das
Hochwasservolumen ins Verhältnis mit dem Niederschlagsvolumen. Als Ergebnis erhält man
einen Wert zwischen 0 und 1. Der Wert 1 wird praktisch niemals erreicht, denn er besagt, dass
der gefallene Niederschlag vollständig ohne jegliche Speicherung abfließe. Selbst bei
komplett mit Asphalt oder Beton versiegelten Flächen ist dieser Zustand unerreichbar.
Dagegen kann es geschehen, dass bei sehr geringem Niederschlag nichts abfließt, weil zum
Beispiel der Boden noch fallendes Regenwasser aufnimmt und speichert. Der ständig
vorhandene Basisabfluss muss natürlich vom Abflussbeiwert abgezogen werden, um das
eigentliche Hochwasserabflussvolumen zu ermitteln.

2.1.2   Der Niederschlag

Auch die Niederschlagsdauer, -intensität und –höhe bilden einen Grundbaustein der
Hochwasserentstehung. Wichtig ist die Ermittlung des Gebietsniederschlages. Hierfür addiert
man die Gesamtheit der punktuell gemessenen Niederschlagshöhen eines Einzugsgebietes und
legt sie auf die Gesamtfläche des Einzugsgebietes um. Das geschieht stets für einen
festgelegten Zeitraum. Die Fließzeiten im großen Einzugsgebiet dauern länger, deshalb
müsste es hier andauernder regnen und die Überregnungsfläche müsste größer sein, damit ein
Hochwasser entsteht. Ansonsten entwässerten einige, entlegenere Teile des Einzugsgebietes
gar nicht erst an den Vorfluter. Hochwasser tritt an Flüssen mit großem Einzugsgebiet daher
häufig nach sehr intensivem Niederschlag oder mehrstündigem bzw. mehrtägigem
Dauerregen in Erscheinung. Bei kleineren Einzugsgebieten ist die überregnete Fläche leichter
zu benetzen und der Abfluss erfolgt schnell, weil es keiner großen Niederschlagsdauer bedarf.
Ein kurzer, kräftiger Schauer wäre ausreichend, um einen Fluss hier über das Ufer treten zu
lassen.

Der gefallene Niederschlag bleibt entweder auf den Pflanzenteilen der Bodenbewachsung
hängen, diesen Teil bezeichnet man als Interzeption, und wird dort gespeichert, oder gelangt
durch die Pflanzendecke auf die Erdoberfläche. Hier fließt er einerseits als
Oberflächenabfluss direkt ins offene Gerinne, andererseits gelangt er teilweise durch
Infiltration in die ungesättigte Bodenzone und fließt dort als Zwischenabfluss zusammen mit
dem Oberflächenabfluss als direkter Abfluss ab. Der letzte Teil versickert weiter bis in die

gesättigte Bodenzone, um von dort als Grundwasser mit dem verzögerten Zwischenabfluss später als Basisabfluss ins offene Gerinne zu strömen.

2.2 Anthropogener Einfluss

Der Mensch prägt die Hochwasserentstehung maßgebend, weil er jede der oben aufgeführten Hauptgrößen zu verändern vermag.

2.2.1 Veränderung des Bodenspeichers

So übt er etwa massiven Einfluss auf den Bodenspeicher aus. Die Versiegelung der Oberfläche im Zuge der zunehmenden Besiedelung und der Erschließung und dem Ausbau des Verkehrsnetzes vermindert die Speicherleistung des Bodens in diesen Gebieten erheblich. Laut statistischem Bundesamt betrug der Anteil der Siedlungs- und Verkehrsfläche 2004 an der gesamtdeutschen Fläche 12,8 %. Das entspricht 45.621 km². Vergleicht man die Zahlen mit denen von 1996 (immerhin ein Anstieg um 1% im Vergleich zu 2004) wird ersichtlich, dass die Tendenz weiterhin steigend ist. Gleichzeitig entwässert man den Boden durch technische Einrichtungen wie Drainagen oder die Kanalisation zusätzlich. Dies führt zwangsläufig dazu, dass das Wasser nicht mehr versickern kann und gezwungen ist oberflächlich und direkt abzufließen oder sofort nach der Versickerung abgeleitet wird und eine Speicherung unmöglich ist. Der direkte Abfluss steigt unweigerlich an, zumal der Grad der Versiegelung in einigen Gebieten, zum Beispiel den Innenstädten, mehr als 50%[7] beträgt und das abgefangene Regenwasser (etwa von Dachflächen) zusätzlich eingespeist wird. Genauso verhält es sich mit der Lenkung der Bodenbewachsung. Das vom Menschen hervorgerufene Waldsterben und eine rücksichtslose Rodungspolitik begünstigen Erosionsprozesse des Bodens. Diese wiederum setzen das Speicherungsvermögen des Bodens für den Niederschlag herab.

Mit dem Ziel das Gelände für die landwirtschaftliche Nutzung besser zu erschließen, wirkt man bewusst großflächig auf das Geländerelief und die Entwässerung der Nutzflächen zu deren Ungunsten ein. Landwirtschaftliche Nutzflächen breiten sich auf Kosten von Feuchtgebieten aus. Der Gebietsrückhalt leidet extrem darunter.

Auch der Einsatz schwerer Landmaschinen formt die Bodenstruktur. Ihr hohes Gewicht sorgt dafür, dass der Boden zusammengepresst wird und sich so stark verdichtet, sodass er schlechter Wasser leitet und durchlässt.

---

[7] (Hornemann & Jörg, 2006)

2.2.2 Bauliche Veränderungen

Retentionsräume wurden zugunsten neuer Siedlungsräume verkleinert, mit Mauern und Dämmen ausgegrenzt oder aufgefüllt. Damit der Wasserstand eines Flusses regelbar gemacht werden konnte, errichtete man Staustufen, die ihrerseits jedoch zum Verlust der natürlichen Überschwemmungsgebiete führten. Die fruchtbaren Auen wurden zu landwirtschaftlichen Zwecken erschlossen und die Flüsse ausgebaut, um der Binnenschifffahrt zu dienen. Die Flussbegradigung brachte zwar Erleichterung für die Binnenschifffahrt, doch neben ökologischen Problemen war sie Ursache für die rasante Zunahme der Fließgeschwindigkeit im Gewässer. Diese Zweckentfremdung der Talauen sorgte für das unverhältnismäßige starke Ansteigen des Hochwassers, weil die Fläche, auf der sich das über die Ufer tretende Wasser sonst ausbreitete, geschmälert worden war. Die Hochwasserschäden fielen um ein Vielfaches extremer aus. Als Paradigma lässt sich hierfür die Flussbegradigung des Oberrheins anführen. Schon in der Mitte des 19. Jahrhunderts wurde der Rhein künstlich begradigt. Parallel dazu verschwanden 87% seiner Auenstandorte. Seine um 130 km² geschrumpfte Überschwemmungsfläche und der um 82 km verkürzte Flusslauf bewirkten eine Eintiefung des Flusses. Damit einher ging der Anstieg der Fließgeschwindigkeit. Noch mehr Wasser passierte in kürzerer Zeit den Flussquerschnitt. Wie die Graphik 1 ganz allgemein zeigt, verkürzt sich deshalb die Fließzeit der Hochwasserwelle. Sie fiel steiler aus und verschärfte die Hochwassersituation am Rhein im Unterlauf. Häufig ist eine Laufverkürzung außerdem mit dem Ansteigen des Wasserstandes verbunden.

Synergetische Effekte verschlimmern das Ausmaß der Gewässerbegradigung noch. In Deutschland ist es mittlerweile Usus auch kleinere Gewässer wie Bäche oder kleinere Nebenflüsse auszubauen. Bei intensivem und langanhaltendem Niederschlag sind sie nicht mehr wie zuvor in der Lage den Abfluss zu verzögern. Indem der Gebietsrückhalt durch die künstlich angelegten Gewässer schrumpft, strömen sie zeitnah in den ebenso stark wasserführenden Hauptfluss. Die Überlagerung der Hochwasserwellen der Flüsse kann zu einem katastrophalen Hochwasserausmaß führen.

3. Vorhersage und Schutz

Die anthropogene Nutzung ufernaher Gebiete und natürlicher Überschwemmungsflächen hat die Hochwasserereignisse verstärkt oder das Ausmaß der Schäden ausgeweitet. Die Einflussnahme des Menschen muss selbstredend nicht immer negativ sein. Die Bekämpfung der hochwasserfördernden Faktoren als positiver Aspekt wurde allerdings erst aufgrund der katastrophalen Folgen menschlichen Handelns nötig. Sie entstand sozusagen als Reaktion auf hausgemachte Probleme. Das gezielte Entgegenwirken der Hochwasserbildung durch den Menschen, um sich vor neuen, schlimmeren Schäden zu schützen, ist also eine logische Konsequenz.

3.1 Vorhersage

Die Hochwasservorhersage legt die Basis für eine wirksame Hochwasservorsorge. Ihr Aufgabenfeld ist mannigfaltig. Sie umfasst einerseits die Bestimmung der zukünftigen Wasserstands- und Abflussentwicklung, andererseits übermittelt sie die gewonnen Erkenntnisse über die Hochwasserentwicklung an den Nutzer und sucht nach effektiven Kommunikationswegen, um noch schneller warnen zu können.

Zur groben Abschätzung zieht man sie Pegelstände der Oberläufe zur Betrachtung heran und leitet damit die zu befürchtende Entwicklung für die Unterläufe ab. Um genauere Aussagen zu treffen, bedient man sich heute EDV-gestützter Rechenmodelle. So wird es möglich, dass frühere Hochwasser Rückschlüsse auf Wasserstände in der Zukunft erlauben.

Die verfügbaren Vorhersagezeiten spielen eine bedeutsame Rolle, denn je weiter sie in die Zukunft reichen, desto mehr Zeit bleibt für die Ergreifung von Vorsorgemaßnahmen und das Inkrafttreten von Katastrophenschutzplänen. Die Hochwasservorhersage wurde dank der verbesserten Niederschlagsvorhersage des Deutschen Wetterdienstes zusätzlich präzisiert. Besonders für kleine und mittelgroße Fließgewässer wird das relevant, weil mit abnehmender Gewässergröße sich gleichzeitig die Vorhersagezeiten verknappen, denn der Abfluss erfolgt mit schrumpfender Größe unmittelbarer. Durch die genaueren Vorhersagen wurde diese Verknappung beinahe kompensiert.

Die Warnung vor drohendem Hochwasser sollte über unterschiedliche Medien ,wie Radio, Fernsehen, Telefonansagen und Internet, herausgegeben werden. Damit gewährleistet man, dass tatsächlich ein großer Adressatenkreis erreicht wird. Die Bekanntmachung der aktuellen Pegelwasserstände besitzt oberste Priorität. Außerdem verkündet man quantitative Terminvorhersagen, die Auskunft über den befürchteten Wasserstand des Pegels „in einer bestimmten Anzahl von Stunden zu einer bestimmten Uhrzeit mit einer vorgegebenen

Toleranz"[8] geben. Ferner werden Szenarienabschätzungen vermittelt. Sie führen den Menschen das eventuelle Hochwasserausmaß vor Augen, sollen jedoch keine Panik verbreiten, zumal sie sowieso, wie der Name impliziert, nur einige vieler denkbarer Szenarien ausmalen. Die Vertrauenswürdigkeit der Vorhersage ist ausschlaggebend für die Akzeptanz bei den Nutzern. Deshalb ist es wichtig, sich auf beherrschbare Vorhersagezeiträume bei der Veröffentlichung zu beschränken, um nicht durch Fehlmeldungen an Glaubwürdigkeit zu verlieren.

Im Hochwasserschutzgesetz finden sich dazu Regelungen für den Deutschen Wetterdienst und die Bundesanstalt für Gewässerkunde.

3.2   Hochwasserschutz

Der Hochwasserschutz erstreckt sich von städtebaulichen Maßnahmen bis hin zur Vorbereitung der Einsatzkräfte und Gewässeranlieger. Im folgenden Abschnitt möchte ich deswegen nur einige der wichtigsten Hochwasserschutzmaßnahmen kurz umreißen. Einerseits soll der Hochwasserschutz der Entstehung neuer Gefahrenpotentiale vorgreifen, andererseits bestehende Gefahrenzonen schützen.

3.2.1   Erhaltung von Retentionsräumen und Renaturierung

Die zunehmende Besiedelung ufernaher Gebiete raubte den Flüssen ihre Retentionsräume. Diesem Trend setzten die Bundesregierung und die einzelnen Landesregierungen, aufgeschreckt durch das große Elbehochwasser 2002, die Festlegung ausgesprochener Überschwemmungsgebiete im neuen Hochwasserschutzgesetz vom 10.Mai 2005 entgegen. Das Hochwasser überschwemmt, durchfließt oder beansprucht das Überschwemmungsgebiet für die Hochwasserentlastung oder Rückhaltung.[9] Für solche Gebiete wird per Gesetz nun vorgeschrieben, auf welche Art und Weise ihre Nutzung erfolgen darf. Mit der Erwirkung eines Neubauverbotes in Überschwemmungsräumen etwa, erreicht man sowohl die Vermeidung neuer Schadenspotentiale aufgrund der Bebauung als auch die Existenzsicherung des vorhandenen Retentionsraumes. Ziel ist es folglich, bestehende Retentionsräume zu erhalten oder ehemalige sogar zurückzugewinnen, damit sich die Fließgeschwindigkeit im Fluss wieder verringert und der Gewässerrückhalt zunimmt.

---

[8] (Patt, 2001)
[9] (Patt, 2001)

Als Kriterium für die Ausweisung eines Überschwemmungsgebietes betrachtet man die Überschwemmungsfläche vorausgegangener 100-jähriger Hochwasser. Sie ermöglichen eine ungefähre Einschätzung der potentiellen Ausdehnung des Hochwassers.

In städtischen Bereichen gestaltet sich die Einbeziehung ufernaher Gebiete zu Retentionsräumen wesentlich diffiziler. Häufig ist die Besiedelung hier noch dichter und näher am Ufer. Der Raum für Überschwemmungsflächen ist nicht vorhanden. Aus Platzmangel nutzt man die Renaturierung schmalere Uferstreifen und des Fließgewässers. Als Renaturierung bezeichnet man die Umwandlung eines naturfernen Gewässers in ein naturnäheres. Man siedelt geeignete Pflanzen an, um die Uferzone wenigstens geringfügig zu schützen und die Bodenerosion zu unterbinden. Wurden zuvor zahlreiche Fließgewässer verrohrt oder ihre Sohle gepflastert, so legt man diese wieder offen und beseitigt die Pflasterung. Die Rauhigkeit der Flusssohle wächst, wodurch die Fließgeschwindigkeit abnimmt[10]. Das künstlich erhöhte Sohlengefälle, das die Fließgeschwindigkeit heraufsetzte, wird entfernt und der Fluss mit Fließwiederständen versehen. Des Weiteren unterlässt man die Ufersicherungsmaßnahmen, die dem Fluss seine Fließrichtung vorschreiben. An ihre Stelle trat zum Beispiel die „schlafende Sicherung", bei der man Steinriegel in der Nähe des Flussquerschnittes vergräbt. Die Seitenerosion des Flusses kommt, sofern sie auf die Riegel trifft, zum Erliegen. Dabei darf nicht in Vergessenheit geraten, dass jegliches Eingreifen, also auch Hochwasserschutzmaßnahmen, das Fließverhalten des Flusses verändern und einen Wasserspiegelanstieg hervorrufen können.

3.2.2 Regenwasserrückhaltung und –versickerung

Die Rückhaltung gefallener Niederschläge spielt im Hochwasserschutz eine höchst bedeutende Rolle, denn der Boden als Speicher verhindert das sofortige Zuströmen des Gebietsniederschlages in die Flüsse.

In Deutschland wächst die besiedelte und damit zumeist auch die versiegelte Fläche an. Laut der letzten Erhebung des statistischen Bundesamtes 2006 beansprucht die Siedlungs- und Verkehrsfläche 46.438 km^2[11] des 357.050 km^2[12] großen Bundesgebietes. Das Wasser wird durch die Oberflächenversiegelung am Versickern gehindert und durch die gut ausgebaute Kanalisation den Flüssen zugeführt. Eine Option dies zu verhindern ist das Prinzip der dezentralen Versickerung. Das Wasser, das sich auf Dachflächen oder auf dem Hof sammelt,

---

[10] Vgl. Manninggleichung
[11] (Statistisches Bundesamt, 2007)
[12] (Statistisches Bundesamt, 2007)

wird nicht per Kanalisation in das Gewässer geleitet sondern versickert direkt auf dem Grundstück. Ersparnisse bei den Abwassergebühren sollen als Anreiz dienen, versiegelte Flächen aufzubrechen. Teilweise werden solche Maßnahmen in Bebauungsplänen angeordnet.

Daraus ergeben sich viele Vorteile: zunächst spart man die Abgaben für die Versiegelung, weiterhin macht dies die zusätzliche Schaffung von Hochwasserrückhalteräumen überflüssig und erübrigt den Ausbau der Kläranlagen, letztens wendet es eine Überbelastung der Kläranlagen durch die Zwischenspeicherung und Abflussverzögerung ab.

Es gibt drei Versickerungsarten. Bei der direkten Versickerung fließt das Wasser unmittelbar in den Bodenspeicher. Diese Art ist nur effektiv, wenn die Niederschlagsintensität die Infiltrationskapazität der Speicher (zum Beispiel Wohnwege, Sportanlagen) nicht übersteigt.

Die oberirdische Speicherung, zum Beispiel in einer begrünten Mulde, ist eine zweite Möglichkeit. Sie eignet sich allerdings nur für eine kurzzeitige Speicherung. Steht das Wasser für längere Zeit in der Mulde, dann verdichtet sich dort die Oberfläche oder die Mulde verschlammt und wird wirkungslos. Das letzte Mittel zum Wasserrückhalt durch Speicher, die unterirdische Versickerung, leitet das Regenwasser in tiefere Bodenschichten. Bei der Nutzung von Rigolen etwa führt man den gefallenen Niederschlag oberirdisch in mit Kies gefüllte Gräben. Bis sich die vielen, winzigen Porenräume zwischen den Kieseln mit Niederschlag gefüllt haben und das Regenwasser abfließt, ist die Hochwassergefahr durch zu starke Abflusskonzentration vielleicht schon gebannt.

4. Anforderungen an den Hochwasserschutz

Die Schadensbilanz der letzten Hochwasser hat bewiesen, dass der Hochwasserschutz in zahlreichen Bereichen unzureichend ist. Die ufernahe Besiedelung des Menschen macht dessen Weiterentwicklung aber unerlässlich. Die effektivsten Schutzmaßnahmen greifen zu allererst auf die natürlichen, einflussreichen Faktoren wie die Speicherkapazität des Bodens oder den Gebietsrückhalt zu, denn sie tragen maßgeblich zur Reduzierung der Abflussspitzen und der Maximalwasserstände bei. Die Maßnahmen zielen auf die Wiederanbindung und Erhaltung natürlicher Retentionsräume an die Flüsse ab und versuchen natürliche, versiegelte oder verrohrte Speicher wieder in das Gewässersystem zu integrieren. Erst die Beseitigung der natürlichen Speicher gebietet letzten Endes den Einsatz technischer Speicheranlagen wie beispielsweise Rigolen. Das Wissen um die Ursachen der Hochwasserbildung und die Kenntnis der Risiken bildet die Basis für die Konzeption von Hochwasserschutzmaßnahmen. Aus gemachten Fehlern kann man lernen. Der Einbezug der Vorkenntnisse über fehlgeschlagene wasserbauliche Maßnahmen, hilft bei der Planung neuer Bauprojekte und kann erneuten Fehlern vorbeugen.

Selten ist das eigentliche Hochwasserentstehungsgebiet, nämlich der Oberlauf, von Hochwasserschäden betroffen. Trotzdem sollten gerade dort Rückhalteräume angelegt werden, um die unteren Fließabschnitte zu entlasten. Die überregionale Koordination der Schutzmaßnahmen spielt folglich im Hochwasserschutz eine wichtige Rolle, denn das Einzugsgebiet eines Flusses orientiert sich schließlich nicht an administrative Grenzen. Möglichkeiten zur Zusammenarbeit bieten sich in vielen Bereichen. Vom Informations- und Erfahrungsaustausch, der vereinten Verbesserung der Hochwasservorhersage, der kooperativen Ausbildung der Einsatzkräfte und der gemeinsamen Finanzierung profitieren alle Gewässeranlieger. Die hohen Kosten für Hochwasserschutzmaßnahmen dürfen vor der Umsetzung moderner Schutzkonzepte nicht abschrecken, weil sie uns vor umso höheren Ausgaben für die Schadensbeseitigung bewahren.

Literaturverzeichnis

Bayrisches Landesamt für Umwelt. (2007). Abgerufen am 7. März 2008 von
http://www.lfu.bayern.de/wasser/fachinformationen/fliessgewaesser_renaturierung/index.htm

Bohne, P. D.-I. (kein Datum). *Dezentrale Versickerung von Niederschlägen auf Grundstücken.*
Abgerufen am 6. März 2008 von http://www.unics.uni-
hannover.de/tarsb/downloads/SS2004/03_vorlesung_regenwasser.pdf

Hessisches Landesamt für Umwelt und Geologie. (kein Datum). Abgerufen am 3. März 2008 von
http://www.hlug.de/medien/wasser/rkh/erklaer.htm

Hornemann, C., & Jörg, R. (21. März 2006). *Umwelt Bundesamt.* Abgerufen am 3. März 2008 von
http://www.umweltdaten.de/publikationen/fpdf-l/3019.pdf

Patt, H. (. (2001). *Hochwasserhanbuch: Auswirkungen und Schutz.* Berlin (u.a.): Springer.

Statistisches Bundesamt. (31. August 2007). Abgerufen am 6. März 2008 von
http://www.destatis.de/jetspeed/portal/cms/Sites/destatis/Internet/DE/Content/Statistiken/Umwelt/Um
weltoekonomischeGesamtrechnungen/Flaechennutzung/Tabellen/Content75/Bodenflaeche,templateId
=renderPrint.psml

Statistisches Bundesamt. (31. August 2007). Abgerufen am 6. März 2008 von
http://www.destatis.de/jetspeed/portal/cms/Sites/destatis/Internet/DE/Content/Statistiken/Umwelt/Um
weltoekonomischeGesamtrechnungen/Flaechennutzung/Tabellen/Content75/SiedlungsVerkehrsflaech
eNutzung,templateId=renderPrint.psml

Statistisches Bundesamt Deutschland. (31. August 2007). Abgerufen am 3. März 2008 von
http://www.destatis.de/jetspeed/portal/cms/Sites/destatis/Internet/DE/Content/Statistiken/Umwelt/Um
weltoekonomischeGesamtrechnungen/Flaechennutzung/Tabellen/Content75/Bodenflaeche,templateId
=renderPrint.psml

Vetter, T. (Wintersemester 07/08). *Skript "Grundlagen der Hydrologie".* Greifswald.

Wasserwirtschaftsamz Kempten. (24. Oktober 2007). Abgerufen am 6. März 2008 von
http://www.wwa-ke.bayern.de/_zentral/doc/folgeseiten/hochwasser/uba_vorbeugender_hwschutz.pdf